AF402037

FABLES

PAR

Mme C. DOUILLON

Auteur des Mystères du Cœur

LAURÉAT DE PLUSIEURS SOCIÉTÉS SAVANTES

ILLUSTRÉES PAR E. MOREL

Un masque offre les traits de divers animaux :
Mais sous ce masque est l'homme avec tous ses défauts.

CHAUSSARD.

PARIS

CHEZ L'AUTEUR, RUE D'ARCET, 11

1875

RECUEIL DE FABLES

Le dépôt légal de cet ouvrage a été fait à Paris. L'éditeur se réserve le droit de faire traduire ses Fables en toutes langues. Il poursuivra rigoureusement l'auteur de contrefaçon ou traduction de ses œuvres faite au mépris de ses droits.

Chaque exemplaire doit être revêtu de la signature de l'auteur.

53   Paris, imprimerie Duval, rue d'Arcet, 26.

FABLES

PAR

Mme C. DOUILLON

Auteur des *Mystères du Cœur*

LAURÉAT DE PLUSIEURS SOCIÉTÉS SAVANTES

—

ILLUSTRÉES PAR E. MOREL

—

Un masque offre les traits de divers animaux ;
Mais sous ce masque est l'homme avec tous ses défauts.

CHAUSSARD.

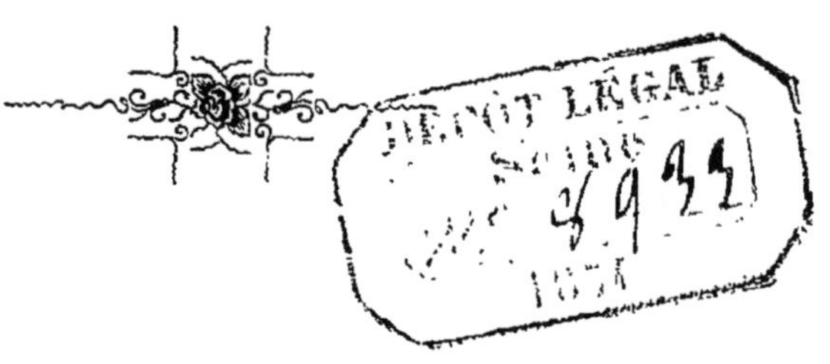

PARIS

CHEZ L'AUTEUR, RUE D'ARCET, 11

1875

AVANT-PROPOS

Je ne placerais pas aujourd'hui mon nom au portail d'un livre poétique, si ce livre ne renfermait pas quelques maximes ou vérités profitables. Je sais qu'il est difficile d'être grand fabuliste après Lafontaine et Florian ; mais il n'est peut-être pas impossible de se rendre agréable au public en lui offrant quelques fleurs oubliées par ces immortels génies, et cueillies par moi dans le champ fertile et spacieux de la Fable. Je peins, à ma manière, ce qui rend notre faible humanité censurable. J'essaie, par la gerbe de mes *propres* remarques, réunies dans ce volume, d'inspirer à l'enfance indécise le chaste amour de la vertu et l'horreur éternelle du vice. Je ne dogmatise pas : je montre la plaie ; puis, à côté, le baume qui guérit et souvent prévient les douleurs. Je ne fais pas non plus de personnalités, n'étant pas exempte moi-même de faiblesses. Le mal, hélas ! a d'immenses racines ; je tâche d'en détruire quelques-unes par l'exemple écrit de bonnes et pieuses actions, voilà tout.

Avant de terminer cet avant-propos, je dois citer, au risque de blesser leur modestie, trois personnes honora-

bles, dont les bienfaits ont mille fois relevé mon cœur.
Il est si doux de voir des mains amies s'ouvrir avec empressement aux nôtres! un sourire obligeant à notre approche!... et d'être comprise et encouragée par des natures d'élite.

Je regarde donc comme un devoir sacré de remercier hautement madame du Cimetière, âme loyale et désintéressée, noble par excellence, semant, délicatement et sans bruit, des bontés où elle passe, et dont j'ai suivi l'impulsion en soumettant mes ouvrages à la *Société nationale d'Encouragement au Bien*, qui m'a décerné sa MÉDAILLE D'HONNEUR.

Merci à ma gracieuse amie, madame la baronne de Girard-Vézénobre, pour le touchant intérêt qu'elle ne cesse de me témoigner.

Merci à monsieur l'abbé Victor de Lestang, grand de l'Eglise, littérateur éminent, qui, lui aussi, est pour moi l'ange de bonté qui sourit et console, qui protége et engage à persévérer jusqu'au bout.

Plaise aux Cieux que par ces *Fables*, qui sont *tout à moi*, je ne perde pas les sympathies que m'ont acquises les *Mystères du Cœur*, et que je justifie la bienveillance dont les personnes précitées me favorisent, et qui m'est un trésor inestimable!

CÉLÉNIE DOUILLON.

LA MÈRE, LES ENFANTS ET LE MYOSOTIS

UNE MÈRE, SES ENFANTS ET LE MYOSOTIS

Le long d'un lac d'azur, deux enfants et leur mère
Se promenaient par un temps pur et beau.
Un bleu myosotis, en sa grâce éphémère,
Venait, en même temps, d'éclore près de l'eau.
Au si touchant aspect de la fleur vacillante,
Un des petits garçons, espiègle de cinq ans,
S'éloigna de sa mère et courut vers la plante,
Pour ravir une sœur aux filles du Printemps.

Au bord, tout au bord de la rive,
Prompt comme une flèche, il arrive,
Et sourit au myosotis,
Qui mirait dans l'onde dormante,
Ainsi que l'étoile des nuits,
Sa chevelure blonde, ondulée, abondante,
Comme la toison des brebis.

L'imprudence, du premier âge
Cette compagne de voyage,
Attache l'espérance au cœur :
Mais, plutôt que d'être propice,
Elle conduit au précipice,
Elle fait courir au malheur.

L'innocent contenta son enfantine envie,
De la fragile tige il détacha la fleur,
Qui, par un coup de vent, lui fut soudain ravie
Pour glisser sur les eaux loin de son ravisseur.
Mais pour la ressaisir en efforts il s'épuise,
Et son pied glisse à ce funeste instant :
Il tombe... et le grand lac ondulé par la brise
Ouvre un vaste sépulcre au malheureux enfant.

Une gêne inaccoutumée
Au cœur de la mère alarmée
Présage un calice de fiel.
Alors, par un divin mystère,
Une âme était de moins sur terre,
Un ange était de plus au Ciel.

Bientôt la pauvre femme, en sa frayeur extrême,
Courut pour secourir son fils infortuné.
Elle criait :

          — Mon Dieu ! rendez-moi ce que j'aime !
Rendez-moi cet enfant que vous m'aviez donné !
Je l'aimais tant !... Seigneur, c'était mon premier né !

L'écho seul répondit aux cris de cette femme,
     Qui dans les eaux plongeait un œil hagard.
Elle arrivait alors sur la scène du drame,
     Elle arrivait... mais il était trop tard !

          Des abîmes de l'existence
          Pour ne point prendre le chemin,
          Rappelons-nous qu'a la prudence
          Il faut toujours donner la main.

LA LIONNE ET LE LOUP

Un Loup qui, je ne sais comment,
Avait pris quatre jeunes chèvres,
Une brebis et deux lièvres,
Se trouvait dans un grand tourment.
Il désirait garder pour lui seul sa richesse,
Car de beaucoup d'humains il avait la faiblesse.
Non, son but n'était pas de faire des heureux :
Mais il voulait passer pour un Loup généreux.
Et de Sa Majesté madame la Lionne,
Qui l'avait hébergé sous son toit protecteur,
Et parfois satisfait sa nature gloutonne,
Il se savait le débiteur.
De plus, étant sa voisine,
Elle avait dû le voir rapporter son butin,
En cheminant à la sourdine,
Avant les clartés du matin.

Ce Loup va trouver son amie ;
Puis, avec un semblant d'exquise bonhomie,
Il lui dit : — Je vous dois beaucoup,
Je le reconnais, quoique Loup,
Et j'en rougis, malgré mes vices ;
Mais je vais payer les services
Que vous m'avez rendus.

— Je ne vous les ai pas vendus,
Répondit aussitôt la Lionne vexée,
Et qui du scélérat devinait la pensée,
Laquelle, dis-je, était de garder tout pour lui,
Après avoir été sur les crochets d'autrui.

— Vers vous, c'est le devoir, madame, qui m'amène,
Reprit le rusé vaurien.
Allons, dites-moi, sans gêne,
Ce que voulez de mon bien.

— Gredin fieffé, je n'en veux rien,
Répondit-elle en se haussant d'une aune.
Je suis sans pitance à mon tour,
Mais j'aime mieux perdre le jour

Que de te demander l'aumône.
Lorsque tu voudras me nourrir,
Sans blesser ma délicatesse,
J'accepterai de ta richesse
La part que ton cœur *seul* t'aura dit de m'offrir.

Quand nous voulons donner sans froisser la pudeur
D'une personne délicate,
Ne l'interrogeons pas et cherchons dans son cœur
Le nom de l'objet qui la flatte.
Dire : — J'ai des trésors, combien en voulez-vous ?
Faux généreux, bon apôtre,
Cela soit dit entre nous,
C'est offrir d'une main et retenir de l'autre.
Les dons noblement faits ont toujours des appas :
Mais donnez sans bassesse, ou bien ne donnez pas.

LE DERNIER AMI

LE DERNIER AMI

— Myrtil, ô toi dont la tendresse
         Est mon unique bien !
Mon tendre ami, viens, que je te caresse,
         Disait un aveugle à son chien.
         Viens, héros de mansuétude,
         Viens, toi qui, dans la servitude,
Ne te montres jamais mécontent de ton sort ;
         Viens, j'aime ta sollicitude ;
Viens, toi qui me suivras jusqu'à mon lit de mort.
         Ecoute : j'eus de la richesse
         Et des amis — le riche en a toujours —
Dans mes salons dorés, ils m'entouraient sans cesse,
Assis sur le satin, les pieds sur le velours.
Ce fut en ce temps-là, mon Myrtil sympathique,
Que je te rencontrai sur le bord d'un chemin,

Implorant du regard la charité publique,
Et que craintivement tu vins lécher ma main.
     Tu me plus : je devins ton maître ;
     Je te donnai des mets exquis.
     Enfin tu me dus ton bien-être,
     Et je t'avais nommé Marquis.
Maintenant, mon ami, ton nom n'est plus le même :
     Tout autant qu'autrefois je t'aime ;
     Mais Marquis est un nom pompeux
Qui ne peut convenir au chien d'un malheureux.

Oui, pour m'abandonner la Fortune eut des ailes :
Je connus l'indigence et son poids importun ;
Et de tous ces amis, que je croyais fidèles,
     Bientôt je ne revis aucun.
Tous ont mangé mon bien, tous ont fui ma misère !
     Tous se sont détournés de moi !
     Oui, tous !... hélas, jusqu'à mon frère !
     Oui, tous, Myrtil... excepté toi.

     De cet hôtel qui fut le nôtre,
Il me fallut sortir brisé par la douleur ;

Puis, un tourment ne venant pas sans l'autre,
La cécité me vint de l'excès du malheur.

Mais, hors des voluptés dont je n'ai plus la fièvre,
Tu diriges mes pas, soumis et patient,
Tantôt vers le Couchant, tantôt vers l'Orient,
Une chaîne à ton cou, ma sébile à ta lèvre.
Quel touchant dévoûment!... Tiens, mon dernier appui,
Doux modèle d'obéissance!
Tiens, partageons, pour prix de ta reconnaissance,
Le morceau de pain d'aujourd'hui.

L'amitié de Myrtil est un louable exemple
Que sans émotion nul bon cœur ne contemple.
Ayons aussi le souvenir du bien,
Sinon le dévoûment d'un chien.

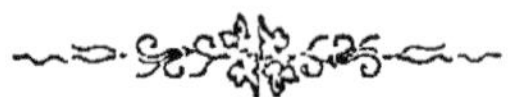

L'AVARE

Un Avare avait un trésor,
Un petit coffret rempli d'or,
Sur lequel il couchait de peur qu'on ne lui vole ;
Enfin de son magot il faisait son idole,
Sans songer que la loi qui régit l'univers
Veut que tout soit mangé par l'âge ou par les vers
Dans le séjour orageux où nous sommes,
Exil ingrat ! prison des hommes !

Le malheureux Avare était fou de son bien ;
Il ne le quittait pas, ne mangeait presque rien
Pour laisser sa richesse intacte,
Laquelle devenait chaque jour plus compacte,
Car il exerçait un métier,
Une industrie à son âge importune ;
Mais qui lui permettait de grossir la fortune
Qui possédait son cœur entier.

Par malheur, une nuit, nuit sinistre et fatale !

Le feu prend, l'on ne sait ni par qui ni comment,
Au grabat du pauvre Tantale,
Et le consume en un moment.

La Charité, toujours prête à se rendre
Où l'homme a besoin de secours,
De l'Avare sauva les jours;
Mais quant à son trésor, il fut réduit en cendre.

Amis, dans nos sentiers pénibles à gravir,
L'or, ce roi des métaux, suborneur agréable,
Ne doit qu'un instant nous servir.
Eh! peut-on rencontrer le bonheur véritable
Dans un bien que le Temps est si prompt à ravir?...

LA PLUME ET LE PAPIER

Las de souffrir les traits de Plume,
A celle-ci le Papier dit un jour :

— Quelle colère en moi s'allume

D'être ainsi maltraité!... Quand donc viendra ton tour?...
Du barbouilleur esclave favorite,
De ta liqueur d'Enfer cesse de m'imprégner.
Puisque jamais je ne t'irrite,
Pourquoi toujours m'égratigner ?
Pourquoi me noircir, Plume infâme,
Comme le péché noircit l'âme ?

— Peux-tu sans repentir insulter, malheureux,
Celle qui fait ton prix ? celle par qui tu charmes ?...
Ha ! dit-elle, pour toi mes élans généreux
Sont niés... ou reçus comme un sujet de larmes !...
Par moi tu vaux de l'or, et la reconnaissance
Est ce que j'attendais de toi,
Car tu n'aurais ni faveur, ni puissance,
Ni grâce, ni beauté, ni mérite sans moi...
Quoi ! dans celui qui me doit son bien-être,
Dans mon cher obligé, je vois mon détracteur !...

Ainsi l'ingrat se plaît à méconnaître
Les bienfaits et le bienfaiteur.

LA VIEILLE ET LE MIROIR

LA VIEILLE ET LE MIROIR.

En relevant de maladie,
Une Vieille, avec désespoir,
Se regardait dans un miroir.

— Grand Dieu! quel air de tragédie!
Que je suis laide ainsi!... Que les traces des ans
Sont horribles sur mon visage!
Fit-elle avec dépit. Adieu, mes courtisans!
Adieu, ma beauté d'un autre âge!...
Adieu, mon front si pur et le feu de mes yeux!
Mon brillant incarnat! lustre que la nature,
Pour en orner mes traits, avait pris dans les Cieux,
Adieu, je ne suis plus qu'une caricature!

Et toi, sarcastique Miroir,
Auquel j'ai tant souri! tant porté de caresses!

Pour l'horreur que tu me fais voir,
Tu mériterais bien que je te misse en pièces.

— Ma franchise, dit-il, peut faire ton tourment;
Mais tu n'es plus-jolie;
Te faire penser autrement
Serait imposture ou folie,
Et jamais un Miroir ne ment.

La vérité souvent offense;
Le mensonge est plus beau, plus paré, plus flateur;
Mais on n'est jamais lâche en disant ce qu'on pense :
Le lâche, c'est l'adulateur!

LE CHAT ET L'ABEILLE

Par le Caprice poursuivie,
L'autre matin, dans un salon,
Une Abeille risquait sa vie,
Tout en fredonnant sa chanson.
Fille des prés, sylphe qui passe,
Elle s'élève dans l'espace,
En tournoyant comme l'oiseau,
Quand une flèche meurtrière
L'a frappé dans le bois, temple de sa prière,
Où l'amour maternel suspendit son berceau.

Lasse de voltiger, l'Abeille
S'abattit sur une corbeille
Pleine de verts gazons et de factices fleurs;
Mais la Mouche cherchait la rose,
Suave et fraîchement éclose,
Qui du ciel recueille les pleurs.

L'Abeille de nouveau s'élance,
Tournoie encore, se balance,
Et retombe sur un sofa ;
Mais son bruit, sa désinvolture,
Là, devait blesser la nature
D'un de ses ennemis, un morose Angora.

Bientôt Minet, d'un coup de patte,
Attire la Mouche ; il la flatte,
Et la griffe ensuite en jurant.
L'Abeille, alors, souffre, s'agite ;
Mais au nez celle-ci lacérant l'hypocrite,
Le force à lâcher prise et s'envole en disant :

— Je viens de punir ton audace.
Ecoute, maintenant, Judas :
Ne fais plus de mal ici-bas,
Si tu ne veux point qu'on t'en fasse.

LA CHENILLE ET LA SAUTERELLE

— Où vas-tu donc, Chenille sans cervelle?
    Criait hier la Sauterelle,
    En voyant l'insecte rongeur
Le long d'un vert laurier monter avec chaleur.

La Chenille répond : — De l'arbre de la gloire
    Voulant à mon tour les rameaux,
    Je rampe, ayant lu dans l'Histoire
Qu'une foule de gens, comme des vermisseaux,
Ont rampé pour gagner leurs rangs et leurs noyaux.
    Chacun, tu le sais, me diffame;
Il craint en me touchant de se salir les mains;
Mais on m'acclamera, car je vois qu'on acclame
Certain monde qui fut le rebut des humains.

— Quoi! dit la sauterelle, un jour, ma pauvre sotte,

On pourra donc t'accuser en passant

D'être parvenue en rampant !

Et tu seras un sujet d'anecdote

De la critique au scalpel déchirant.

Puisque tu veux de la terre

Ce qu'on appelle les grandeurs,

Regarde-moi. Souvent de la plus basse sphère,

Voici comme on parvient au comble des honneurs.

Et, d'un bond, la malicieuse

Saute du sol au faîte du laurier.

On voit aussi plus d'un aventurier

Faire, en son audace orgueilleuse,

Une ascension merveilleuse !

Et, bien qu'inepte, atteindre les sommets,

Les échelons voisins de la céleste voûte,

Quand l'homme d'esprit reste en route.

Un téméraire arrive ; un timide... jamais !

LE LION, SON PETIT ET L'ANE

LE LION, SON PETIT ET L'ANE

— Mon père, quel est ce monsieur
Qui mange des chardons là-bas, sans compagnie?
Je lui trouve un extérieur
Qui dénote peu de génie,
Disait un charmant Lionceau,
Sortant à peine du berceau;
Mais qui déjà brillait d'intelligence.

— Mon cher fils, malgré l'indulgence,
Dit le Lion, qu'on doit avoir
Pour ceux qui manquent de savoir,
Je ne puis m'empêcher de dire
Que l'Ane, cet objet de ton attention,
Ne fut jamais celui de l'admiration.
De lui je ne veux point médire,
Car il n'est pas méchant, et son pire défaut
Ne vient que de son ignorance.
Il n'eut jamais d'intempérance;

Mais il est dédaigné par les gens comme il faut,
Vu son impertinence extrême;
Et, mon enfant, par cela même,
Il n'a que le plus vil emploi,
Et les humbles lui font la loi.

Tous les impertinents qu'on rencontre sur terre
Ne portent pas le nom de l'Ane prolétaire,
Ne mangent pas des chardons comme lui,
Ne sont point esclaves d'autrui.
Mais à temps, sur leur compte, il faut savoir se taire,
Ou bien on leur ressemblerait,
Et j'en aurais un éternel regret,
Car l'on n'écrit jamais nos défauts sur le sable...

Pour conquérir l'estime et l'approbation,
Retiens, ô mon amour, que l'éducation
Est une chose indispensable.
Quand on veut occuper des postes éminents,
Quand on veut des amis autres que des manants,
Par l'affabilité l'on doit se rendre aimable.

On n'a que du mépris pour les impertinents.

LA CHAUMIÈRE ET LE CHATEAU

Non loin d'un élégant Château
Etait une pauvre Chaumière,
Où vivait, de pain sec et d'eau,
Annette, une vieille ouvrière.

Un jour, sans force et sans travail,
Ayant traîné ses pas jusqu'au seuil de l'Eglise,
Sur le banc vermoulu de l'antique portail,
La pauvre femme était assise.
Avec le poids des ans, la pâleur de la faim,
A tous ceux qui sortaient du temple,
Annette allait tendre la main;
Mais peu d'âmes offraient l'exemple
De la pitié pour le prochain.

A son tour, de valets suivie,
Passa l'heureuse et brillante Livie,

Marquise de quinze ans,
La fille du Château, la reine des enfants.
Annette, en la voyant, lui dit : — Mademoiselle,
L'aumône, s'il vous plaît !
Je prîrai Dieu pour vous dans la sainte chapelle,
Car ce qu'on fait pour moi, mon cœur le reconnaît.

Mais Livie à la mendiante
Tourne le dos avec dédain,
En lui disant : — Travaillez, fainéante,
Et le travail vous donnera du pain.

— Il suffit, répond l'autre en inclinant la tête ;
Pour l'amour du Seigneur à souffrir je suis prête.

La nuit suivante, sans bruit,
A l'heure sombre de minuit,
Dans le Château voisin de la Chaumière,
Un voleur s'introduit.
Par l'absence de la lumière,
Croyant faire aisément son coup,
Ce voleur furetait, pillait sans trop de gêne,

Adroit comme un renard, avide comme un loup.

Mais ici-bas, dit-on, point de plaisir sans peine.
Le châtelain se réveille en sursaut ;
Puis, entendant fouiller dans une armoire,
Il s'écrie : « — Au voleur ! » Mais, soudain, le maraud,
Dans la nuit encor noire,
Assassine tous ceux qu'il trouve sous sa main...
Livie au désespoir saute par la fenêtre ;
Et, fuyant un péril certain,
Elle cherche des yeux un refuge champêtre.
A demi nue et l'effroi sur les traits,
Elle franchit parc et bosquets,
Ne voyant d'autre abri que la vieille Chaumière
D'Annette l'ouvrière.

— Comment frapper ici ?... Je n'ose en vérité,
Se dit Livie. Hier... à cette femme
J'ai refusé la charité,
Et Dieu punit la dureté de l'âme...
Je ne puis pourtant rester là.
Du courage ! abordons la pauvre maisonnette...

Frappons tout doucement... Holà !... madame Annette!

— Que désirez-vous ? Me voilà,
Répond l'autre en ouvrant sa porte.

— Ayez, lui dit l'enfant, ayez pitié de moi !
De frayeur je suis presque morte !
C'est Dieu qui me châtie... et je comprends pourquoi.
J'ai repoussé, madame, votre plainte ;
Mais je serai meilleure une autre fois.

Livie, alors, des sanglots dans la voix,
Retrace en quelques mots le sujet de sa crainte.

— Cachez-vous, s'il se peut, dans mon humble recoin :
A tout péché miséricorde,
Dit Annette. J'ai peu, mais ce peu je l'accorde
A qui croit en avoir besoin.

— Allez, dit l'autre, allez, je suis trop bien punie
Pour n'être pas humaine à l'avenir.
Et ma gratitude infinie
Assurera votre avenir.

De celle que là veille elle avait outragée,
Livie était la confuse obligée,
Et ce fut là son châtiment :
On n'est jamais barbare impunément !

La misère est toujours une escorte importune,
Et celui qu'elle accable a comme nous un cœur.
Offrons un baume à l'infortune :
La charité porte bonheur.
Une aumône produit plus d'effets qu'on ne pense,
Le Ciel bénit l'auteur d'une bonne action :
Le bien n'est pas sans récompense,
Ni le mal sans punition.

LA GARAMANTITE

— Mère, disait Léon, pourquoi le vieil ermite
Me dit-il, quand je vais le voir :
« — Mon cher petit, fais toujours ton devoir,
Afin de ressembler à la Garamantite.
Pour qui n'a pas les trésors de son cœur,
Il n'est point, mon enfant, de beauté véritable,
De paix inaltérable,
Il n'est point de parfait bonheur. »

— Pourquoi faut-il donc que j'imite
Ce qu'il appelle une Garamantite ?
Et pourquoi me tient-il le discours que voilà ?...
Quand on veut plaire à tout le monde
Il faut donc ressembler à cette chose-là ?

— Du Solitaire, ami, la sagesse est profonde,
Dit la mère ; et son but, lorsqu'il te parle ainsi,
Est de te rendre sage aussi.

Suis toujours ses conseils et je serai joyeuse...

La Garamantite, mon fils,

Est une pierre précieuse,

Qui paraît au dehors ténébreuse et sans prix ;

Mais, quand on l'ouvre, ô merveille !

Mille étoiles d'or pur scintillent dans son cœur !

Puisse ton âme être pareille !

Et puissent les vertus y croître avec vigueur !

Si joli que soit un visage,

S'il n'a pas leurs nobles reflets,

Ce n'est qu'une imparfaite image,

Et l'on estime peu les charmes incomplets.

Les grâces du corps sont des voiles

Dont la beauté passe comme une fleur ;

Mais les vertus sont des étoiles

Qui font toute notre valeur.

L'EXEMPLE SUIVI

Un jour, dans un festin splendide,
Pendant l'hiver de l'an passé,
Un bel enfant au front candide
Près de son père était placé.
Tant il semblait docile et gracieux et sage,
Pour chacun, vraiment, le bambin
Paraissait avoir plus que l'esprit de son âge.
Et l'on trouvait que son visage
Etait celui d'un chérubin.

— Quel bonheur ! disait-on, qu'il est doux pour un père
De posséder un tel enfant !
Quel bijou ! quel trésor !... Quel gentil caractère !
Quel air sympathique et touchant !...

Mais alors, fatigué des marques de tendresse
Qu'on lui prodiguait en ce lieu,

Le marmot, contractant sa lèvre enchanteresse,
Se mit à trépigner, puis à blasphémer Dieu.

— Comment ! cria d'un ton sévère
Le père tout confus à l'espiègle surpris.
Malheureux ! t'ai-je bien compris ?...

— Si cela n'est pas beau, dit l'enfant, petit père,
Pourquoi me l'as-tu donc appris ?

Des travers des petits n'accusons que les hommes:
Ceux-ci sont quelquefois meilleurs apparemment;
Mais, sans masque, et naïvement,
Nos enfants sont ce que nous sommes.

LE DIAMANT

Des riches mines de Golconde,
Jadis, un informe débris,
Egaré sur le bord de l'onde,
Semblait un petit caillou gris.
Pendant les fureurs de l'orage,
Jeté comme un rebut des flots tumultueux,
Tout bas il déplorait son destin malheureux
Dans les sables du frais rivage.

Mais le mérite seul du mérite a les traits.
Malgré l'Envie et ce qu'elle imagine,
L'empreinte de l'origine
Ne s'efface jamais.

Pour appuyer cette hypothèse,
Un lapidaire, un jour, voit, en se promenant,
Le Caillou précieux ; dans ses mains il le pèse,

Et reconnaît un Diamant.
Heureux de sa trouvaille, avec joie il l'emporte,
Et se dit, rayonnant d'espoir :
— En passant sous mon polissoir,
Elle sera joyau de la plus belle sorte !

En effet, le trésor de si triste apparence,
Grâce à l'art merveilleux de l'habile artisan,
Ornait, un peu plus tard, l'anneau de préférence
Et le doigt d'un Sultan.

Mais le fort du méchant, du jaloux, est l'injure.
Des Perles de basse nature,
Qu'éclipsait la beauté du bijou radieux,
A l'une de leurs sœurs, racontaient l'aventure,
Et médisaient à qui mieux mieux.

— Voyez-vous cet objet rayonnant de lumière,
Diaphane comme des pleurs ?
Disaient-elles. Chacun le loue à sa manière.
Plus heureux que le roi des Fleurs,
De l'écharpe d'Iris il porte les couleurs ;

Mais ce n'est point sa parure première.

Eblouissant aux yeux de tous,

Il nous plairait sûrement comme à vous,

Si nous ne l'eussions vu naguère sur la rive,

Dans sa pauvreté primitive.

Non, pour étinceler à la main d'un puissant,

Quoi qu'on dise, il n'est point aux Perles préférable,

Car ce n'était qu'un Caillou misérable,

Que heurtait le pied du passant.

Ainsi l'indigne Calomnie,

Toujours prête à mordre ou railler,

Lance ses traits sur le génie

Sitôt qu'il commence à briller.

LE REMORDS

LE REMORDS

—

En tricotant ses bas, un jour, mère Victoire
Disait à ses petits enfants :

— Ecoutez une simple histoire,
Qui date de longtemps.
Moi, je la tiens du père de mon père,
Qui la tenait de l'aïeul du sien.
Soyez attentifs, et j'espère
Que mon récit vous plaira bien.

— Oh ! nous allons prêter l'oreille,
Dirent-ils. Et, soudain, cessant leurs gais transports,
Ils entourent la bonne vieille.

— Ce conte, mes amis, se nomme : *le Remords*.
Un soir, madame Toutpourelle
Se confessait à son curé.

« Ah ! mon père, lui disait-elle,

J'ai le cœur bien désespéré !

Je fuis le mal et je l'abhorre ;

Je m'approche des sacrements ;

Je prie et je prie encore...

Rien ne me réussit : j'ai de secrets tourments.

Vous m'avez dit : — Faites l'aumône

Au pauvre qui vous tend la main ;

Soyez humble, aimez Dieu, ne diffamez personne,

Et du bonheur ce sera le chemin.

Je vous obéis sans paresse ;

Or, je vous demande pourquoi

J'ai toujours un je ne sais quoi

Qui m'assombrit et qui m'oppresse ?

Enfin, dans la route du bien,

Par moments, mon fardeau m'ôte la patience.

— A cela je ne comprends rien,

Dit le prêtre. Cherchez dans votre conscience.

Vous ne cachez pas d'homicide,

Ni de projet de suicide ?

— Oh, non ! oh, non ! oh, non !

Je ne détruirais pas, mon père, un moucheron.

— Vous n'avez fait tort à personne ?

— Jamais... Cependant, je soupçonne,
Je soupçonne maintenant,
Que mon défaut dominant
Fut de trop estimer la fortune éphémère.
Lorsque je vis la mort approcher de ma mère,
Au détriment de mon frère,
Je me fis accorder ce qu'elle possédait,
Tant la soif de l'or m'obsédait.
Mais, s'il le faut, je m'en confesse,
Car, plus que jamais, je professe
L'amour pour les devoirs qu'exige le Sauveur.

— Et vous vouliez, lui dit le confesseur,
La sérénité de l'âme
Après une conduite aussi digne de blâme ?...
Non, l'égoïsme seul a causé votre ennui :
On ne peut vivre en paix avec le bien d'autrui.
Il faut, madame Toutpourelle,

Pour guérir votre cœur, que le remords bourrèle,

Il faut rendre le bien que vous avez volé,

Et du temps depuis écoulé

Les intérêts, si grand que soit leur nombre.

— Mais d'héritage, hélas ! je n'ai même plus l'ombre

Depuis longtemps, j'ai tout perdu ;

Autrement je l'aurais rendu.

— Alors pour vous sauver il reste une autre route.

A ceux-là qui par vous furent déshérités,

Coûte que coûte,

Il faut vous accuser de vos cupidités.

Vous avez bien voulu leur porter préjudice ;

Demandez-leur pardon pour l'amour du Seigneur,

Ce sera le meilleur indice

Du repentir de votre cœur.

Quant à moi, sans cela, je ne puis vous promettre

D'apaiser contre vous la colère d'en-Haut.

— Ah ! je ne pourrai m'y soumettre !

— Il le faut ! il le faut !

— Vaincre à ce point mon caractère?...

— Oui, répond le prêtre irrité,
Ou, sans répit, le remords sur la terre,
Et l'Enfer pour l'éternité!!!

— La peur des châtiments, dit la mère Victoire,
La força d'obéir aux conseils du pasteur.
C'est ici, mes enfants, que finit mon histoire.
Vous, songez que le Ciel punit l'usurpateur.
Que de madames Toutpourelles
On rencontre encore aujourd'hui!...
Mes anges, vos âmes sont belles ;
Ne vous appropriez jamais le bien d'autrui :
Il ternirait la blancheur de vos ailes.

L'ÉCRIVASSIER ET SES AMIS

— Tout me fait présumer, disait un sot auteur,
Que je suis de ce siècle un bon littérateur.
On trouve ma lyre savante,

Et de tous mes travaux la lecture amusante.

Je plais surtout pour mes moralités.

Mais sur ce point, messieurs, je tiens à vous entendre.

Mes livres, après nous, seront-ils bien goûtés ?

Moi, je crois qu'à cela je puis au moins prétendre.

— Assurément, car vos écrits divers,

Lui dirent-ils, en éclatant de rire,

Ainsi que votre corps, puisqu'il faut vous le dire,

Seront la pâture des vers.

Sur cette terre où sitôt nous moissonne

Le grand Vieillard au sablier,

Qui fait un dieu de sa personne,

Autorise à l'humilier.

LA MOUCHE ET LA FOURMI

LA MOUCHE ET LA FOURMI

Au pied d'un chêne séculaire,
De la forêt fidèle ami,
Etait la grotte orbiculaire
                D'une Fourmi.
Certain jour, une Mouche en découvre l'entrée,
                Et s'est aventurée,
Curieuse comme une enfant,
Dans cet antre où, sans bruit, dans un bonheur constant,
La Fourmi s'était enterrée.

En voyant l'amante des Airs,
Aussitôt de la Cénobite
Les yeux s'arment d'éclairs.

— Qui vient troubler la paix, dit-elle, qui m'habite ?

La Mouche alors, timidement,
Répond : — Ne craignez rien, madame,

Je ne vais rester qu'un moment,

Je vous le jure sur mon âme.

Mais on vante si fort toutes vos qualités,

Que j'ai voulu moi-même

M'assurer que l'on dit les grandes vérités.

De grâce, pardonnez à mon audace extrême !...

Maintenant je pourrai vous applaudir aussi.

Quel chef-d'œuvre chez vous ! Que de bien-être ici !

— Madame la Mouche, merci,

Dit l'autre. La richesse

Est avec moi, je le confesse ;

Mais je l'ai bien gagnée aux sueurs de mon front.

Quand au plaisir d'autres s'en vont,

Moi, je travaille sans relâche

Pour jouir des fruits de ma tâche.

Voyez, tout pleins sont mes greniers ;

Ma grange est bien garnie ;

J'ai toute une Californie

De produits différents, trésors des mois derniers.

— Je ne m'étonne plus de vous savoir aimée,

Dit la Mouche. Je reste en admiration,

Et vois avec bonheur que votre renommée

N'est point une adulation.

Que d'adresse et de goût dans votre domicile !

Non, non, l'on n'avait point menti...

Ah ! dites-moi quel architecte habile

A fait le plan de votre asile,

Et quel ouvrier l'a bâti.

Pour me soustraire aux rets que me tend l'araignée,

J'en voudrais un pareil,

Car vraiment je suis indignée

De ne pouvoir sans lacs voltiger au soleil.

— L'architecte, c'est moi ; le maçon, chère dame,

C'est encor moi, dit la Fourmi.

Je suis faible de corps, mais je suis forte d'âme.

— Eh bien, vous n'êtes pas admirable à demi.

J'essaîrai de me faire un palais d'abondance,

Pour y vivre avec assurance,

Mais comment en venir à bout ?...

— Comment?... dit la Fourmi. Mais on arrive à tout
Par le travail et la persévérance.

LES PETITS POISSONS ET LEUR MÈRE

— Quelle est donc cette chose immobile dans l'eau,
Disait, en se jouant dans son onde si chère,
Un petit Poisson à son frère.

— Fuyez, fuyez ! c'est un piége nouveau !
Dit en courant vers eux leur mère épouvantée.
Moi qui suis expérimentée.
Combien je crains pour vous le sort de nos absents !
Venez, venez, chers petits innocents !
Je tremble pour vos jours !... De grâce, ayez la force
De fuir cette perfide amorce,
Qu'un impitoyable pêcheur
Met dans l'onde exprès pour vous prendre.
Ce que je vais à l'instant vous apprendre,

Imprimez-le dans votre cœur
Pour mieux vous défier de l'hameçon trompeur.

A ces mots, les petits environnent leur mère,
Qui leur peint et repeint la destinée amère
Des poissons que l'appât conduit entre les mains
Des humains.
Sombre était le tableau; mais l'enfance étourdie
Ne croit pas à la perfidie;
L'esprit préoccupé de ce qu'elle aperçoit,
Elle examine peu l'avis qu'elle reçoit,
Et le fruit défendu, que son désir appelle,
Est irrésistible pour elle.

Enfin, le soir du même jour,
En souriant à l'erreur qui l'assiége,
Un des petits Poissons retourne vers le piége,
Et s'en va folâtrer autour.
Il y touche... il est pris! Voici venir sa mère;
Elle accourt; mais il n'est plus temps!
Son fils, ayant saisi l'amorce délétère,
Eut le destin des Poissons imprudents.

Suivons les bons conseils; craignons le guet-apens.

Enfants, une mère est un ange
Que le Ciel donne à tous pour diriger leurs pas;
Mais plaignons ceux qui ne l'écoutent pas :
L'hameçon les attire et l'ennemi les mange.

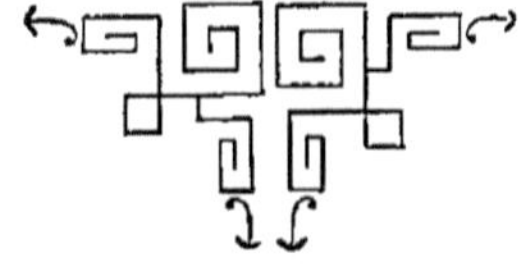

L'ÉCOUFLE ET LA GRANDEUR HUMAINE

L'ÉCOUFLE ET LA GRANDEUR HUMAINE [1]

Certain jour, la Grandeur humaine
Trouva dans l'air de son domaine
Le Cerf-Volant insoucieux,
Qui voltigeait silencieux.
Rouge d'orgueil, elle s'écrie :

— L'Ecoufle dans ce lieu ! l'Ecoufle à ma hauteur !
Et moi, je souffrirais pareille effronterie ?...
Non, non, point de faiblesse au fond de notre cœur.

— Retourne d'où tu viens, impudent, lui dit-elle.
Ta place n'est pas ici.
Méchante bagatelle,
Comment peux-tu me coudoyer ainsi ?

---

[1] *Ecoufle,* en Normandie, est synonyme de *Cerf-Volant.*

L'ÉCOUFLE

Je suis léger, le vent m'emporte
Vers Dieu que tu sembles braver,
Vers Dieu qui voit, jusqu'à sa porte,
Ton fragile char s'élever.
Moi, je vais où l'on me mène ;
Je monte enfin sans le vouloir,
Tandis que toi, Grandeur humaine,
Tu veux sur tout prévaloir.
Sans y songer, je t'ai froissée
Par mon voyage aérien ;
Mais apprends donc, insensée,
Que si je suis peu, tu n'es rien.

A ces mots, la provocatrice
Frappa du pied le Cerf-Volant.
Indigné de cette injustice,
L'Ecoufle dit en descendant :

— Je n'ai jamais connu la peine,
—Et le malheur est fait pour toi.
Tremble, tremble, Grandeur humaine,

Tu tomberas plus bas que moi!

Dureté n'est pas vaillance.
Les forts doivent au faible un peu de bienveillance :
Si prodigue que soit la Fortune envers nous,
Soyons abordables pour tous.

LA PIE, LA COLOMBE ET L'OISEAU-MOUCHE

En se promenant dans un bois,
La Pie aborde la Colombe,
Dont la plaintive et douce voix
Semblait être l'écho des soupirs d'une tombe.

— Colombe, priez donc Junon
De vous faire chanter sur un tout autre ton.
Vous me portez à la tristesse,
Jacassait du malheur la sombre prophétesse.
Vous n'avez rien pour vous, ma sœur ;
Votre plumage est d'un blond fade,
Et par votre air triste et rêveur,
Vous paraissez toujours malade.
Moi, j'en conviens, je ne chante pas bien ;
Mais est-il un manteau plus soyeux que le mien ?

Et, j'ai beau regarder, j'aime mieux ma structure
Que celle des oiseaux de toute la nature.

Au même instant, sur une branche en fleurs
De l'arbre où se tenaient la Pie et la Colombe,
Un Oiseau-Mouche, aux célestes couleurs,
Arrive plus léger, mais prompt comme une bombe.

— Tiens! dit la Pie en son jargon taquin,
Voyez donc ce beau mirliflore.
D'où nous vient donc cet arlequin,
Avec son habit tricolore ?

— N'ayant point de fiel dans le cœur,
Dit la Colombe à cet oiseau moqueur,
Je ne vous réponds rien, rien sur ce qui me touche ;
Mais pour décrier l'Oiseau-Mouche,
Ce rubis, ce joyau des Airs !
Vous avez un cœur bien pervers.
Méchante, insolente, bavarde,
Voleuse, effrontée et criarde,
Sibylle annonçant le trépas,

D'injures connaissant tout un vocabulaire,
Vous dénigrez toujours ce que vous n'avez pas :
Seule, vous voudriez avoir le droit de plaire.

On le répète à tout moment,
Et sur vos procédés l'opinion se fonde.

— En tout cela, dit l'autre, avouez franchement
Que je suis comme bien du monde.

De bon œil, Envieux, quand pourrez-vous donc voir
Les diverses beautés qui ne sont point les vôtres ?
Et quand cesserez-vous de blâmer chez les autres
Ce qu'au fond, tout au fond, vous voudriez avoir ?

L'INDOCILE ÉCOLIER

L'INDOCILE ÉCOLIER

— Mon père, le Maître d'école
Me dit que je suis paresseux,
Et que le paresseux ne vaut pas une obole;
Qu'il est souvent pauvre et crasseux,
Disait un Marmot, d'un air crâne,
En rentrant au logis avec le bonnet d'âne.
Oh! je voudrais qu'on le mît en prison,
Ce radoteur!... Il m'agace, il me lasse!...
Pour ne pas le revoir, je ne veux plus de classe.

— Mon cher enfant, il a raison;
Et toi, désormais, sois plus sage.
Dans la lice on voudrait que tu fusses vainqueur.
Travaille donc avec courage :
L'oisiveté, c'est le poison du cœur.

A l'indolence qui le mange,
Honte à tout mortel qui s'unit !
Il passe ses jours dans la fange,
Et dans le bagne il les finit.

LA MAISON FLOTTANTE

Dans sa grâce enfantine, auréole éphémère,
— Pourquoi, disait Bébé l'autre jour à sa mère,
(En regardant un grand vaisseau,
Lequel, tout de travers, se balançait dans l'eau),
Maman, pourquoi, là-bas, cette Maison flottante ?

— C'est, répondit la mère, en sa bonté constante,
C'est qu'il n'a plus de guide, mon enfant :
Et tout sans guide est vacillant,
Tout prend une forme attristante.

Si l'ancre en le fixant ne lui prête un soutien,
Ou si le nautonier ne lui rend pas le sien,
Ce vaisseau n'aura plus qu'un aspect de misère :
Il lui faut un secours, comme il te faut ta mère,
Pour demeurer en place, ou marcher droit et bien.

Que des bons conseillers les âmes compétentes
Nous fassent jeter l'ancre et rester de bon cœur
  Au sentier des vertus touchantes !
  Que de mortels, pour leur malheur,
  Ne sont que des barques flottantes !

LE PRÉCEPTEUR, L'ÉLÈVE ET LE PAPILLON

Dans un parterre en fleurs, charmant comme un beau rêve,
  Devant un antique château,

Un Précepteur et son Elève
Contemplaient du jardin le verdoyant manteau.

—Si l'existence est un rude passage,
Le Ciel par ses bontés daigne nous l'aplanir,
Disait le Précepteur, homme pieux et sage ;
Devant un tel tableau, quand je puis revenir,
Combien mon cœur se plaît à prier, à bénir !

— Je pense comme vous, répond l'enfant, je pense
Que Dieu fait pousser tout cela
Pour nous rendre contents ; mais des dons qu'il dispense
Le plus gracieux, le voilà !
Le voyez-vous ?... C'est ce gai Papillon
Qui voltige sur une rose.
A mon avis, de la création
C'est la plus belle chose !

— Il est vrai, sur son dos, il offre les couleurs
De la topaze unie à l'améthyste,
A l'émeraude, au saphir : il n'existe
Rien de plus séduisant : il éclipse les fleurs ;

Mais ce riche ornement, qui vous charme et qui brille,
Ne recouvre qu'une cheniile,
Insecte venimeux, sale et dévastateur.

— Vraiment !... Le divin Créateur,
Reprit l'Élève en regardant son maître,
Eut donc tort de la faire naître ?

— Non, dit le Précepteur, tout à sa raison d'être.

Parmi notre humain bataillon,
Trop de monde ressemble au joli Papillon !

LE FROMENT ET L'IVRAIE

— Pourquoi, disait l'Ivraie au Froment précieux,
Pourquoi, partout, mon frère,

·Quand vous naissez comme moi dans la terre,
Semble-t-on vous chérir comme un produit des Cieux?
Je ne vois que des gens toujours prêts à me nuire,
A rechercher ma mort; vous en êtes témoin.
    D'où vient donc que l'on me déchire,
Et que l'on vous cultive avec le plus grand soin?

— C'est que du parasite on n'a jamais besoin,
Dit le Froment. D'ailleurs, il ne faut point s'attendre
    Aux bienfaits du cultivateur,
Si de nous il ne peut rien tirer ni rien vendre.
    Aux dépens des autres, ma sœur,
    Vous vivez toujours sans rien rendre,
    Et moi, depuis un temps illimité,
    Moi, je nourris l'Humanité.

Voulez-vous des mortels les soins, les dévoûments,
    Montrez-vous en bontés fertile :
    Pour gagner les égards des gens,
L'expérience dit qu'il faut leur être utile.

LA FÉE AUX RUBIS ET LE VER LUISANT

LA FÉE AUX RUBIS ET LE VER LUISANT

Dans un bois d'apparence austère,
Hanté par la Fée aux rubis,
Un Ver luisant, cet astre de la terre,
Brillait comme un rayon des célestes lambris.
La Fée en ce moment, sylphide effervescente,
Qui passait en chantant comme un oiseau dans l'air,
Voit la lueur phosphorescente
Produite par le Ver.
La déesse s'approche et regarde attentive
Ce trait d'or, éclatant comme un jet matineux ;
Mais quand, dans sa recherche active,
Elle voit que d'un Ver vient le trait lumineux,
Son visage pâlit et, soudain, la colère
S'empare de son cœur.

6

— Eh quoi! dit-elle, ici-bas l'on tolère
Dans ce vil animal cette vive splendeur!...
    Bien que Fée illustre et puissante,
    Si je veux éblouir les yeux,
    Briller comme l'aube naissante,
Je ne le puis sans art, sans soin minutieux.
Il me faut mes rubis, sans cela point de charme,
Et le charme emprunté n'a rien de séduisant.
Mais toi, pour m'éclipser, perds ton lustre offensant.

    A ces mots, d'un coup de son arme,
Elle change en hibou le pauvre Ver luisant.

    « *A qui mal fait mal arrive,* »
Me répétait ma mère, en m'indiquant du doigt
    Le chemin droit :
La disgrâce est le prix de toute âme fautive.

Quand la Fée eut frappé le brillant vermisseau,
Un lugubre nuage environna sa tête,
    Puis, dans le feu d'une horrible tempête,
On vit se dérouler un spectacle nouveau.

Une autre Fée, à l'air impitoyable,
Qu'on nomme Némésis (1), et dont on craint les coups,
Sur un char, au milieu de serpents en courroux,
Apparaît, et promène un regard effroyable
Sur la Fée aux rubis, qui se jette à genoux;
Mais alors Némésis, agitant sa baguette,
Transforme la coupable en ignoble chouette.

Ce destin n'était pas, je pense, immérité.
Honni soit celui qui s'irrite
Contre qui le surpasse en quelque faculté.
On doit ménager le mérite,
Qu'il soit dans l'opulence ou dans la pauvreté.

---

(1) Déesse de la Vengeance. (*Hist. fab.*)

PERLINE ET MOUTON

Perline et son ami Mouton,
(Les deux plus jolis chats du monde)
Au fond d'un ermitage, où la paix surabonde,
Allaient se retirer, dit-on.
Vers ce réduit du sage, en marchant côte à côte,
Ils se plaignaient de l'homme et de sa cruauté.

— Moi, d'un tyran trop longtemps je fus l'hôte;
Pour la moindre infidélité,
Il aurait eu la cruauté
De m'ôter l'existence,
Exclamait l'excellent Mouton,
Et mon dos souffre encor de ses coups de bâton.

— Il a bien gagné la potence,

Lui répondait Perline ; il est ton ennemi ;

Mais ne sois pas bon à demi,

Pardonne à tes bourreaux : tu le dois, mon ami.

— Contre nous, dit Mouton, que de noirceurs écrites !

Le genre humain se plaît à nier nos mérites ;

Et, bien qu'il nous ressemble, il blâme nos penchants.

Si nous le caressons, il nous croit hypocrites ;

Défendons-nous nos jours, il nous trouve méchants.

Oui, l'injustice est dans le cœur de l'homme !

Il se plaint que les chats ne savent point l'aimer ;

Hé, lui-même est-il donc si près de s'enflammer

Pour celui qui l'assomme ?...

Mon maître me jugeait égoïste et voleur,

Rusé, pervers ; mais il n'est pas meilleur

Que le malheureux qu'il accuse.

Notre misère est notre excuse.

Et lui, lui qu'on façonne, ainsi qu'un diamant,

Pour le rendre civil, estimable et charmant,

On le voit massacrer son père !

Ou son bienfaiteur ou sa mère !

Tandis que nous, ma chère sœur,

Quoi que dise notre oppresseur,

Moins que lui nous sommes coupables,

Car au moins nous savons épargner nos semblables.

J'ai mes petits défauts, certes, je le sais bien;

Mais qu'il soit sans reproche, ou qu'il ne dise rien.

C'est juste. Humanité si fière,

Incline-toi devant la vérité.

Et honte à qui, sans être exempt d'iniquité,

Jette aux autres la pierre !

LE FRATRICIDE

LE FRATRICIDE

—

Francis avait dix ans ; c'était un petit ange ;
Ses yeux étaient d'azur et ses cheveux de lin ;
Sa paupière s'ornait d'une admirable frange ;
    Son visage était de satin.
Affectueux sans feinte et gracieux sans trève,
    Il était doux et studieux :
    C'était l'enfant comme on le rêve :
    Blanc, rose, aimable et radieux.

    Mais Francis, alors fils unique,
    Ne savait pas que son destin
Etait d'avoir un frère, un petit séraphin,
    Suave, charmant, sympathique,
Pur diamant tombé de l'Empire divin.

Au réveil de Francis, un jour enfin son père
    Lui dit :

        — Mon enfant, le Seigneur

T'envoie un compagnon, un joli petit frère,
      Qu'il faut aimer de tout ton cœur.

L'enfant ne répond pas ; son air devient étrange
      Il semble un instant foudroyé.
A partir de ce jour, il cessa d'être un ange,
Et l'amour filial fut à jamais broyé.
Il fallut des parents partager les caresses
Avec le petit frère envoyé par les Cieux ;
Et celui-ci, doué de mille gentillesses,
      A son tour, plaisait en tous lieux.

      Francis voyait cela sans plainte ;
Mais il avait perdu son sourire enfantin ;
      Il ne parlait qu'avec contrainte,
Et ne priait plus Dieu le soir ni le matin.
      La jalousie, infâme conseillère,
Empoisonnait sa vie et torturait son cœur,
      Si bien qu'elle fut son vainqueur,
      Puisqu'un soir, étant seul avec son petit frère,
Il commit un forfait qui pénètre d'horreur.
      Poussé par une occulte haine,
Qui l'obsédait le jour et dans l'ombre des nuits,

De son devoir brisant la chaîne,
Il s'en alla jeter son frère dans un puits.

Depuis l'acte odieux de sa main meurtrière,
Craignant le plus terrible arrêt,
Il se cache dans la forêt,
Cherchant en vain le calme et fuyant la lumière.
La frayeur ne le quitte pas,
Car il s'est attiré le sort des misérables :
Partout un Homme noir accompagne ses pas,
En poussant des cris lamentables.

Et quand à ce dernier Francis, péniblement,
Dit : — Comment te nommer toi qui fais mon tourment?
L'Homme noir aussitôt répond à sa victime :

— L'un m'appelle : *Remords;* un autre : *Châtiment;*
Un autre encor : *Le Prix du crime!*

Dans cette vie, au mystérieux cours,
Après les actions cruelles,
Pour leurs auteurs il n'est plus d'heureux jours.
Ils ont beau fuir : l'Homme noir a des ailes,
Et les rejoint toujours !

POLICHINEL ET LE DOMPTEUR D'ANIMAUX

Autrefois (c'était à la foire)
Un Dompteur d'animaux,
Monté sur des tréteaux,
Criait : — Messieurs, si vous voulez me croire,
Venez voir, venez voir les lions les plus beaux !
L'un d'eux, de la valeur le plus parfait modèle,
Est descendant de l'un de ceux
Qui traînaient le char de Cybèle,
Cette illustre mère des dieux.
Venez voir un tigre admirable !
Un ours, qui porte une toison
D'une blancheur incomparable !
Un éléphant gros comme une maison !
De plus, dans ma ménagerie,
J'ai quatre loups persans, dont la gloutonnerie
Va jusqu'à dévorer des lames de poignards ;
Et vous verrez aussi le roi des léopards
Dépécer un agneau, lui manger les entrailles !
Je possède un lynx aux regards

Pouvant tout distinguer au travers des murailles.

J'ai, près du dromadaire, esclave obéissant,

La panthère avide de sang !

La girafe au grand cou; puis un cheval parlant,

Qui sur le dos porte des ailes,

Si parfaitement belles

Qu'un grand naturaliste, expert judicieux,

Dit que ce cheval curieux

Est le fils du noble Pégase.

Enfin le saltimbanque, après phrase sur phrase,

Et devant les badauds mille contorsions,

Et force démonstrations,

Arrive à convaincre la foule.

On se bouscule, on s'insulte, on se foule,

Pour voir les habitants de nos déserts lointains.

Le hâbleur exhiba les ours Américains,

Les hôtes du Bengale et ceux de la Guinée.

Mais quand parut, avec sa bosse innée,

Quand parut à son tour,

Ce mammifère, au bizarre contour,

A l'air pensif et débonnaire,

Que l'on nomme le dromadaire,
Monsieur Polichinel qui se trouvait présent,
Et qui n'avait vu de sa vie
Un pareil animal, crie : — Est-il déplaisant
Celui-ci. Dans quel cœur pourrait naître l'envie,
Si tout ici-bas ressemblait
A ce quadrupède si laid ?...
Avec ce paquet sur l'échine,
Est-il étrange ! est-il affreux !...
Non, vraiment, l'on ne peut féliciter les dieux,
D'avoir rêvé cette machine.

— Eh bien, plus je vous examine,
Reprit le bateleur, d'un accent aigre-doux,
Plus je vois qu'il ressemble à vous.
Comment ! sans supposer que cet être peut plaire
Par une douceur exemplaire,
Vous l'insultez pour sa difformité !
Vous n'avez donc pas vu la vôtre ?

Hélas ! on est souvent doté
De ce qu'on blâme chez un autre.

LE PAON DEMANDANT A JUPIN LA PARTICULE NOBILIAIRE

LE PAON DEMANDANT A JUPIN LA PARTICULE NOBILIAIRE

Enorgueilli de son image,
(Quand les bêtes parlaient à l'instar des humains)
Le Paon, roi des oiseaux par son riche plumage,
S'avisa de franchir les périlleux chemins
Qui conduisent droit à l'Olympe.
Pendant trois jours, péniblement il grimpe
Vers le palais de l'illustre Jupin,
Et le quatrième enfin
Il arrive, tout hors d'haleine,
Sur le seuil vaporeux du céleste domaine.
Ce pauvre Paon bouffi d'ambition,
Et tourmenté d'un désir ridicule,
Demande qu'une particule
Soit ajoutée à son nom.

Il dit au dieu : — Pour moi vous avez été bon :
Vous m'avez habillé de couleurs admirables;

7

Vous m'avez prodigué tous les biens désirables,

Excepté la douce faveur,

Qui serait si chère à mon cœur,

La faveur d'être noble... et je la sollicite,

Car un grand nom protége et partout accrédite.

Jupin lui répond : — Mon ami,

Si tu veux être noble, il ne peut te suffire

D'avoir un de ces noms que sur terre on admire.

Au Paon titré sachant mal se conduire,

Moi, je préférerais une active fourmi.

Je suis roi, je suis dieu... j'habite l'Empyrée,

Sans borne est mon pouvoir ; mon désir, loi sacrée ;

De toutes parts à mes pieds l'on accourt ;

Et, dans ma majesté suprème et révérée,

Je me nomme Jupin tout court.

Pour les dieux, la seule noblesse

Est, de tout point, la divine sagesse.

Songe donc moins à t'anoblir,

Et beaucoup plus à *t'ennoblir*.

Hélas ! c'est l'histoire éternelle !

Que d'insensés veulent devenir grands,

Sans acquérir, par leurs talents,

Cette noblesse personnelle

Qui place au premier des rangs.

LE FRUIT DU MAL

Deux bons amis d'enfance avaient chacun un fils,

Qu'ils aimaient de toute leur âme.

Mais de ces deux enfants bénis

L'un bientôt s'attira le blâme,

Tandis que l'autre était doux et soumis.

Par de bonnes leçons et de saines lectures,

Le père de celui-ci

Détournait cet enfant, objet de son souci,

Des sentiers malheureux et d'embûches futures.

L'autre père, aveuglé par l'amour paternel,

Menait le sien aux lieux où la jeunesse

Rencontre un moment d'allégresse;

Mais où l'on entre pur, d'où l'on sort criminel...
Ce pauvre enfant devint pirate !
Alors, dans les bras de l'ami,
Le désespoir du père éclate.

— Ah ! si dans la vertu je l'avais affermi,
Criait-il, du devoir son cœur serait le temple ;
Mais il fut perdu par l'exemple.....
Quel coup ! quel fruit ! pour avoir trop aimé !.....

On moissonne toujours ce que l'on a semé.

LE PÉDAGOGUE ET LE CIRON

Couché dans une herbe étoilée
Des fleurs qui du Printemps composent le fleuron,
Un Pédagogue de vallée
Voit se promener un Ciron.

— Chétive créature !
Dit-il, oses-tu sans émoi,
Oses-tu côtoyer un homme tel que moi ?...
Ne crains-tu pas quelque aventure
Malheureuse pour toi ?

— Qui ne fait point le mal n'a, je crois, rien à craindre,
Dit le Ciron sans s'émouvoir.
Nul de mes actions n'a le droit de se plaindre.

— Quelle offense de toi pourrait-on recevoir ?
Si petite est ta tête
Qu'il me faudrait un lorgnon pour la voir,
Reprit ce pédant malhonnête,
Qui se faisait un jeu
De taquiner la pauvre bête.
Toi dont le corps est gros comme un cheveu,
Que peux-tu faire, misérable ?

— Je puis, malgré votre orgueil déplorable,
Etre utile et nuire aux humains,
Comme je puis succomber sous leurs mains.

Mais ma passion favorite
Est de plaire pour ma bonté.

— En ce cas, mieux que moi le Ciron est doté,
Dit l'autre avec fatuité.

— Peut-être : la grosseur ne fait pas le mérite.
Au revoir : il est tard, je retourne à mon gîte.

Tout en disparaissant dans les fleurs du gazon,
L'animalcule avait raison.
Chaque être vaut son prix. En somme,
Les animaux parfois sont plus sages que l'homme.

L'ORGUEIL ET SA COMPAGNE

L'ORGUEIL ET SA COMPAGNE

On dit que dans l'Elide, entre les murs de Pise (1),
L'Orgueil (qui vit encor) voulut se marier.
Pour cet effet, il se mit à prier
Les dieux de lui choisir une femme à leur guise.
Après avoir délibéré, ces dieux,
Touchés de sa supplique,
Crurent, tant il parlait comme un sage s'explique,
Que de l'amendement il était désireux.
Or, pour faciliter à l'Orgueil cette route,
On lui donna pour femme la Raison.
Mais, hélas ! cette liaison
Par l'époux fut bientôt dissoute.
A s'admirer l'Orgueil passait ses jours :
Enflé, téméraire, irascible,
Il était vain, dédaigneux, inflexible,

______

(1) Célèbre ville du Péloponnèse.

Et la Raison pleurait toujours.

Mais son époux, indifférent aux larmes,

Ex-abrupto, se prononça,

Et, las d'un nœud pour lui sans charmes,

Avec sa femme divorça.

Après, sur le sommet d'une haute montagne,

Pour mieux être entendu des dieux,

Il leur dit : — O maîtres des Cieux !

Envoyez-moi quelque compagne

Plus digne de mon cœur et qui plaise à mes yeux.

Celle que vous m'aviez donnée,

Dès la première journée

De son hymen avec moi,

Voulut me ranger sous sa loi ;

C'est pourquoi, grands dieux, c'est pourquoi

Je l'ai mal accueillie... et vous savez le reste.

Des Immortels alors la cour céleste,

Et partant pleine d'équité,

A l'Orgueil envoya dame Stupidité,

Avec la suprême défense

De la répudier jamais.

— Il faudra, lui dit-on, il faudra désormais
      Avec celle-ci vivre en paix.
Qu'elle te plaise ou non, des dieux c'est la sentence.

Et, depuis cet arrêt de haute antiquité,
      On voit l'Orgueil et la Stupidité
            Marcher toujours de pair ensemble.

      Pour terminer le meilleur, çe me semble,
            Est la dignité sans orgueil.
L'une, c'est la mesure, et l'autre, c'est l'écueil.
On peut savoir son prix et ses côtés aimables ;
De nos cœurs nous pouvons connaître les bijoux :
Mais craignons d'être trop charitables pour nous,
Et de ne l'être pas assez pour nos semblables.

LE BASILIC [1], LA COULEUVRE, LA GRENOUILLE
ET LE LIMAÇON

—

Au réveil du Printemps, sur le bord d'un étang,
    Le Basilic et sa parente,
    Frêle Couleuvre adolescente,
Se chauffaient aux rayons d'un soleil bienfaisant.
    Etendus sur l'herbe nouvelle,
    Ils babillaient à qui mieux mieux,
    Quand, soudain, parut à leurs yeux,
    Une Grenouille jeune et belle,
Laquelle aussi goûtait avec amour
    Les bienfaits de l'astre du jour.

    — Qui t'amène ici, péronnelle ?
    Lui siffle, d'un air mécontent,

(1) Reptile originaire du Mexique. Loin de tuer par son regard comme le Basi-
ic des anciens, il est doux et plaît aux yeux.

Le Basilic, en fixant sa prunelle
Sur l'habitante de l'étang.

La Grenouille répond : — L'air qu'ici l'on respire
Est si doux, le Soleil si beau,
Si bon pour moi que je l'admire,
Et je viens saluer son propice flambeau.

— Moi, je te dis de fuir ce gazon que tu mouilles.
Qu'est-ce donc que tu nous gazouilles ?
Répartit la Couleuvre. A l'air de ton minois,
On dirait vraiment que tu crois
Que l'éclat du Soleil est fait pour les Grenouilles.

— Pardon, leur crie un Limaçon,
Qui cheminait à l'ombre d'un buisson,
En traînant sa coquille et présentant ses cornes;
Votre audace n'a point de bornes;
Et je veux, mes amis, vous remettre au devoir,
Si j'en ai le pouvoir.
Mademoiselle la Couleuvre,
Et vous, monsieur le Basilic,

Vous feriez une mauvaise œuvre
En chassant d'un terrain public
Cette Grenouille inoffensive et bonne.
Vous ne devez disputer à personne
La part de biens auxquels on a droit comme vous.
Les dons d'en-Haut sont prodigués pour tous.

Le Basilic et sa parente,
Qui ne sont point de race intolérante,
Tout bas, ensemble ont reconnu
Que sage était l'avis de monsieur Front-Cornu.

Hommes jaloux et gens de fronde,
Du bonheur d'autrui malheureux,
Souvenez-vous qu'en dépit de vos vœux
Le soleil luit pour tout le monde.

LE PLAISIR ET L'ENFANT

LE PLAISIR ET L'ENFANT

Sous une forme archangélique,
Un matin, le Plaisir s'approcha d'un Enfant,
Et, d'une voix sympathique,
Il lui dit en souriant :

— Mignon, la vie est un voyage.
Où tu n'auras jamais d'émoi
Si tu veux le faire avec moi,
Et tu ne trouveras que fleurs sur ton passage.

L'Enfant, qui s'éveillait alors dans son berceau,
Regarde le Plaisir, et le trouve si beau,
Si beau, sous ses cheveux semés de fraîches roses,
Qu'il répond tout de suite, en lui tendant la main :

— J'accepte, bel ami, ce que tu me proposes.

— Seulement, si dans le chemin
Où, dans la plus douce harmonie,

8

Nous irons de compagnie,
Reprit à son tour le Plaisir,
Si tu vois un sentier qui flatte ton désir
Et qui ne soit pas *droit,* crains, Enfant, de le prendre,
Car, avant tout, je dois t'apprendre
Que je suis le Plaisir; mais ce Plaisir pieux
Qui marche avec le sage, et qui descend des Cieux.

L'Enfant n'avait point assez d'âge
Pour bien comprendre ce langage ;
Cependant il accepte, en jurant au Plaisir
Qu'il ne quitterait point la voie
Que son céleste ami daignerait lui choisir.

Mais aisément l'on se fourvoie
Dans le dédale d'ici-bas :
L'homme y rencontre tant de routes
Que la seule bonne entre toutes
Est trop souvent celle qu'il ne prend pas.

Mignon grandit, et le Plaisir, son guide,
Marchait toujours à son côté ;

Ils ne rencontraient point le Vice au teint livide
    Dans leur chemin peu fréquenté.
Mais, un jour, à leurs yeux s'offre, attrayant et vaste,
    Un autre chemin sinueux ;
    D'une foule immense et peu chaste
Y grouillait dans l'erreur le torrent dangereux.
L'Enfant veut s'y porter ; son compagnon l'arrête
    Et lui dit : — Ami, dans ce lieu
Sont les pleurs, les ennuis, le crime, la tempête ;
Si tu veux y courir, moi... je te dis adieu.

Mignon baissa les yeux car, voulant tout connaître,
    Il se dirigeait vers son but,
Et là de faux bonheurs il voulut se repaître ;
    Mais l'abîme apparut !...
    Le Malheur fondit sur sa proie !
    Alors Mignon vers l'autre voie
    Tourne son regard désolé,
Et cherche le Plaisir... Il s'était envolé !

Vous qui pensez cueillir les délices del'âme

Où les dangers ne cessent de pleuvoir,
Inscrivez dans vos cœurs, mais en lettres de flamme,
Qu'on ne peut être heureux qu'au sentier du Devoir.

LE ZÉPHIR ET LA FLEUR

A l'aide des pleurs de l'aurore,
(Pleurs dont la plante a besoin pour grandir),
Une Fleur qui venait d'éclore
Tenait ce discours au Zéphyr :

— A ces feux de Phébus à qui je dois la vie
Quand tu me vois sourire avec amour,
Fils d'Eole, qui te convie
De circuler dans mon séjour ?
Je suis jolie et parfumée,
Jeune, fraîche, agréable aux yeux,
Et déjà je suis opprimée
De tes baisers fastidieux.

Pourquoi tourmenter ma faiblesse ?
Me balancer à tout propos ?...
Ne vois-tu pas que ma délicatesse
Exige pour moi le repos ?

— Fleur gentille, Fleur désolée,
Répond le suave Zéphyr,
Tu serais vite étiolée,
Si j'accédais à ton désir.
Sans ma rafraîchissante haleine,
Qui cause tes amers tourments,
Ce Phébus, aux rayons que tu ressens à peine,
T'étoufferait dans ses embrassements.
Fleur, je l'avoue, il t'a fait naître ;
Mais non sans la rosée et moi.
Si tu le veux, Zéphyr va disparaître ;
Seulement, lui, s'il peut vivre sans toi,
Toi, sans lui, tu mourras peut-être.

— Ton souffle est fatigant, reprit-elle aussitôt ;
Eloigne-toi de ma présence,
Eloigne-toi ; tu reviendras tantôt,
Si je souffre de ton absence.

Le Zéphir obéit ; mais l'innocente fleur .
Se flétrit sur sa tige en inclinant la tête ;
Et près d'expirer de douleur,
Elle murmure : — O Mort, arrête !
Avant mon dernier soupir,
Je voudrais, en Fleur honnête,
Demander pardon au Zéphir.

En achevant ces mots, par un effort suprême,
Elle rappelle l'exilé.
Et, pour sauver la Fleur qu'il aime,
Zéphir revient, toujours le même,
Frais, caressant et consolé.

Son amie, après l'aventure,
Fut un modèle de douceur,
Et rien, non rien, dans la nature,
En sainte humilité n'égala cette Fleur.

D'orgueil autrefois saturée,
Une âme s'ouvre à la bénignité,
Quand cette âme s'est épurée
Au creuset de l'adversité.

LA MÈRE ADOPTIVE

LA MÈRE ADOPTIVE

———

Une Chèvre, venant de perdre son chevreau,
Emplissait de ses cris la forêt solitaire,
　　Lorsque, dormant presque nu sur la terre,
　　　　Au bord d'un courant d'eau,
　　　　Elle aperçut un petit être,
　　　　Un frêle enfant à peine né,
　　Et dont le crime avait été de naître,
　　　　Puisqu'il était abandonné.

　　　　La Chèvre, entraînée, attendrie,
　　Va se coucher auprès de l'innocent,
　　　　Puis, par un plaintif bêlement,
　　　　Elle presse l'enfant, le prie
D'accepter de son sein l'onctueux aliment.

Et, par instinct, cet ange, ouvrant ses lèvres roses,
　　　　But le lait nourrissant et sain

De celle que le Dieu qui veille à toutes choses
Venait de diriger vers le pauvre orphelin !

Depuis elle entoura de bienveillance active
Cet enfant qui, de jour en jour,
Grandissait aux côtés de sa Mère adoptive,
Et la payait de son amour.

Mais au bout de quatre ans d'une paix abondante,
Un cor sonne... et dans la forêt,
Dès la pointe du jour, un chasseur apparaît ;
Et sa meute aboyante,
Acharnée, effrayante,
Fond sur la Chèvre au cœur si bon,
Qui sans être coupable implore son pardon.

Hélas ! palpitante, incomprise,
La douce bête est bientôt prise...
Mais, tout en pleurs, son cher enfant
Va se jeter aux pieds du chasseur triomphant,
Et lui dit : —C'est ma mère !... oh ! rendez-moi ma mère !
Elle m'a nourri de son lait,

Et sans le bien qu'elle m'a fait
J'aurais eu d'une fleur la durée éphémère.
Bon chasseur, rendez-moi ma mère !

Cet homme, dont le cœur n'était pas sans pitié,
Fut sensible à ce cri de la tendre amitié :
Il adopta l'Enfant et sa nourrice.
Et ce jeune habitant des bois,
Par sa prière et ses pleurs à la fois,
Fut le libérateur de sa libératrice !

Plus tard, elle mourut paisible et sans douleur,
Car la douce vertu n'a point de ver rongeur ;
Et l'Enfant au tombeau de sa Mère adoptive
Fit germer des fleurs, qu'il cultive,
Et qu'il arrose encor des larmes de son cœur.

Semons, semons les fleurs de la reconnaissance
Sur les tombes de ceux qui, la nuit et le jour,
Environnèrent notre enfance
De soins exquis, de tendresse et d'amour.

LES DEUX AUTEURS

Un jeune Auteur qui, malgré son talent

De bien penser et de bien dire,

Ne pouvait pas se faire lire,

Aborde un autre Auteur que l'on trouve excellent;

Il l'aborde et lui dit : — Monsieur, l'on vous estime,

On vous aime, vous êtes lu,

Et votre gloire est légitime;

En un mot, vous avez le bonheur d'un élu.

Moi, je suis malheureux, et j'abhorre le vice

Dont l'homme indélicat se sert pour s'enrichir...

Voulez-vous me rendre un service?

L'autre, à ces mots, se met à réfléchir.

Mais satisfait de la façon civile

Dont lui parlait le pauvre Auteur,
Il lui dit, de ce ton qu'aime un solliciteur :

— Jeune homme, en quoi puis-je vous être utile ?

— Un éditeur refuse absolument,
Répond l'autre, en tirant de sa poche un ouvrage,
D'acheter ce travail. Il le trouve charmant;
Mais il n'en veut pour rien, et je perds le courage,
Car je ne mange pas toute fois que j'ai faim...
    Cet éditeur m'a dit enfin,
Que, tant chacun vante votre mérite,
    Tant de vous lire il plaît à tous,
    On achèterait tout de suite
    Un manuscrit signé de vous.
    Or, monsieur, ce que je désire,
    Je pense, vous le devinez.

— Il suffit, dit l'autre, donnez.....

Et ce dernier signa l'ouvrage sans le lire.

C'était touchant, c'était chrétien,

C'était d'un homme au cœur sensible
Plus que de l'exprimer il ne serait possible :
C'était un beau trait, c'était bien !
Grâce au seul nom, l'œuvre fit la richesse
Du malheureux Auteur presque fou d'allégresse.
On acheta cette œuvre, on la voulut partout.

La réputation fait tout.

LE CHATEAU DE PAILLE

LE CHATEAU DE PAILLE

L'enfance élève, admire, aime et détruit ensuite
Tous les hochets qui passent sous sa main,
Et sa passion favorite,
Le plus souvent, n'a pas de lendemain.

Dans un lieu que, jadis, fréquentait une fée,
Laquelle, si l'on croit le récit des aïeux,
Revenait chaque soir, à·l'heure où de Morphée
La vapeur dormitive appesantit les yeux,
Dans ce lieu couronné d'ombrage,
Et que l'on appelait *le Rond-point des Ormeaux*,
Après l'école du village,
Assis sur leurs talons, un trio de marmots,
D'une botte de chaume ayant fait la trouvaille,
Bâtissaient un Château de paille.

9

Comme on le finissait, par le bruit attiré,
Apparaît du pays l'estimable curé.

— Ici l'on se plaît mieux, je pense, qu'à l'école,
            Dit au groupe frivole
De nos gais villageois le pasteur vénéré.
Que faites-vous donc là ? Serait-ce un presbytère
Pour monsieur le curé ? Répondez mes enfants.

—Nous faisons, dit l'un d'eux, blondin aux yeux brillants,
Nous faisons un palais : en voici le parterre,
      Et le portique, et l'arcade, et les tours ;
Ces trous que vous voyez sont faits pour les fenêtres ;
Voilà les clochetons, les créneaux, puis... les cours.

        — Et vous de tout cela les maîtres,
Reprend le bon curé. Mais combien, mes enfants,
Ce fragile Château vous plaira-t-il de temps ?

Alors le plus âgé, lutin de huit printemps,
Armé d'une allumette et saisi d'un caprice,
Sans répondre au pasteur, enflamme l'édifice ;

Et puis l'on bat des mains en riant aux éclats.
Mais tandis que sans gêne ils prenaient leurs ébats,
Le prêtre se disait tout bas :

— L'œuvre qu'avec soin l'on travaille,
L'illusion, la vie et le bonheur,
Les idoles du cœur,
Tout doit finir ainsi que ce Château de paille !...

Les hommes à la Mort n'ont rien à réclamer;
Tout sur terre est de son domaine :
Naître, plaire un instant, vite se consumer
Est le destin de toute chose humaine !

LE GRABATAIRE ET LA MORT

Un homme jeune encor; sur un lit de douleur,
        Et sous le toit de l'indigence,
        Gémissait et versait des pleurs,
        Car sans la moindre allégeance
Il souffrait et souffrait. Ennuyé de son sort,
A grands cris, il se met à demander la Mort.

        — Viens terminer ma destinée !
        Viens d'une vie infortunée,
Disait ce malheureux, oh ! viens rompre le fil !...
Puisque tout m'est contraire en ce terrestre exil,
        Pauvre et malade, à quoi bon vivre ?...
O Mort ! en me frappant que ta faux me délivre
        De ces maux cruels, incessants,
        Que j'endure depuis deux ans !

Vains efforts. Ni les pleurs ni la voix suppliante
Du malade, au front jeune et déjà sillonné,
N'amenèrent la Mort. Il était condamné
A porter malgré lui la croix sanctifiante.

Mais longtemps, bien longtemps après,
Délivré de ses maux et comblé des bienfaits
De la séduisante Fortune,
Ne trouvant plus la vie une chose importune,
Au milieu d'une fête, au soir d'un heureux jour,
Cet homme vit la Mort venir à sa rencontre.
Inexorable, affreuse elle se montre,
Et lui crie : — A ton tour !
A ton tour de passer des voluptés humaines
Dans mes fatales chaînes !

— Mais je ne suis pas prêt, dit l'autre avec effroi.
Quand je t'appelai près de moi,
En ce temps où mon cœur détestait l'existence,
Pourquoi donc ne venais-tu pas?

— C'est que Celui qui m'envoie ici-bas,

Sur tes pas,
N'avait point prononcé, dit-elle, ta sentence?

— Amis, à tout âge, en tous lieux,
Tenons notre âme prête à remonter aux Cieux.
La Mort n'entend nulle prière.
C'est une effroyable courrière,
Qui ne peut mettre un terme à notre adversité,
Ni trancher les jours de personne,
Avant que, sous le doigt de la Divinité,
Pour l'un de nous l'heure suprême sonne
Au timbre de l'Eternité !

LA VIPÈRE ET LA CALOMNIE

LA VIPÈRE ET LA CALOMNIE

Sous la dépouille des guérets,
Naguère un moissonneur rencontre une Vipère.
Elle se sauve : il court après ;
Mais elle va si bien que l'autre désespère
D'atteindre des humains ce cruel ennemi.
L'effroyable et subtile bête,
Qui non moins que l'homme a frémi,
Glisse, rampe avec feu pour préserver sa tête,
Et bientôt disparaît aux yeux du moissonneur,
Dardant, par intervalle,
Sa langue aiguë et fatale
Dans l'air, qu'elle remplit de sifflements d'horreur.

— Où fuir l'homme et sa tyrannie ?
Se disait-elle en avançant toujours.
Où demander quelques secours ?

Alors, pleine de fard, parut la Calomnie.

Entendant que l'on gémissait,

Celle-ci de son antre avait ouvert la porte

Pour voir quel gibier l'on chassait.

La Vipère aussitôt lui parla de la sorte :

— Laissez-moi pénétrer chez vous !

On me poursuit, ma sœur ; c'est de vous que j'espère

Un appui protecteur et doux !

Laissez-moi me cacher chez vous.

— Moi, que j'héberge une Vipère ?

Répond la Calomnie en bondissant d'effroi.

N'attends jamais cela de moi.

Fuis de mes yeux, impur reptile !

Téméraire offenseur,

Offenseur jusqu'au point de m'appeler ta sœur !

Fuis, te dis-je, fuis mon asile ;

Je ne te suis rien, Dieu merci !

Cela dit, elle rentre en sa caverne obscure,

Et prestement s'enferme aussi.
Mais, par le trou de la serrure,
La Vipère lui dit ceci :

— Non, mégère éhontée, à l'Enfer asservie,
Non, non, vous n'êtes pas ma sœur:
Vous la surpassez en noirceur,
Car ma sœur, comme moi, ne met fin qu'à la vie,
Et vous, monstre exécré, vous arrachez l'honneur !

N'oublions pas cette vieille sentence,
Laquelle nous apprit que l'honneur est un bien
Que n'égale jamais et ne rachète rien :
Donc, plutôt que l'honneur perdons notre existence.

L'odieuse Vipère, objet de tant d'émoi,
N'était pas la plus méprisable ;
Mais, dans ce monde, il est irrécusable
Que l'on est diffamé par plus mauvais que soi.

GRAND-PÈRE ET PETITE-FILLE

Le Printemps était né ; sa parure fleurie
Rajeunissait les cœurs et souriait aux yeux ;
Les échos répétaient les hymnes à Marie ;
Dans l'air plein de senteurs des murmures joyeux ;
Des nids dans les vieux troncs, dans l'herbe, sur les
[branches,
    Des violettes sous les pas,
De doux bruissements sous les épines blanches ;
Enfin partout la vie, et partout des appas !

    Dans le chemin de la vallée,
Auprès de son Grand-Père une charmante Enfant,
Voyant d'aimables fleurs la campagne voilée,
    Tenait ce langage touchant :

    — Toi qui dis toujours que la terre
    N'a que des ronces et des pleurs,

Regarde donc, ici, Grand-Père,

On ne marche que sur des fleurs.

Le meilleur soleil nous console,

Nous réchauffe de son flambeau ;

L'oiseau chante, vole, revole :

Tout est gracieux, tout est beau !

— Oui, tout est gracieux, tout est beau, ma chérie,

Tout, pour les enfants comme toi ;

Mais dans la mortelle patrie,

Rien, dit-il, ne séduit un vieillard comme moi.

L'oiseau qui te plaît tant assourdit mes oreilles

Par ses cris de bonheur ;

Ces fleurs fraîches et dispareilles

Subiront de la Mort le souffle empoisonneur ;

Du soleil, à son tour, pâlira l'auréole ;

L'ombre enveloppera la plaine et les coteaux,

Et l'hiver, l'hiver qui désole,

Nous amènera mille maux.

— Mais faut-il pour cela que les plus belles choses,

Reprit la douce Enfant, ne puissent nous charmer ?

Où je vois, moi, tant de douceurs écloses,
Je ne saurais comme toi m'exprimer.

—C'est qu'en ta sphère circonscrite,
Dit-il en souriant, le cœur est ingénu ;
Et que tu vas au pays, ma petite,
D'où ton Grand-Père est revenu.

La Vieillesse connaît la coupe décevante ;
Mais l'Enfance n'est pas savante,
Et se souvient parfois trop tard
Des dictons du vieillard.

LE MOINEAU DE VILLE ET LE MOINEAU VILLAGEOIS

LE MOINEAU DE VILLE ET LE MOINEAU VILLAGEOIS

Sous un épais gazon de neige
La plaine sommeillait ; des chênes, des ormeaux,
La blancheur de l'albâtre entourait les rameaux,
Et les enfants dressaient le piége
Pour prendre les oiseaux.
Ah ! c'est qu'alors privés de nourriture,
Attirés par l'appât et pressés par la faim,
De ces pauvres petits la craintive nature
Cède au besoin pressant d'une miette de pain.

Un Moineau, grelottant sur la branche d'un arbre,
S'était douté du tour et ne descendait pas.

— Les paysans sont un peuple d'ingrats,
Disait-il, et pour moi n'ont que des cœurs de marbre.
Les Cieux pourtant me sont témoins
Que ma famille les oblige.
Que d'épis nourriciers ils cueilleraient de moins,

Si du fléau qui les afflige

Nous ne détruisions pas tous les ans la moitié :

Larves et vermisseaux, leurs ennemis champêtres,

Sont par nous mangés sans pitié;

Et, quand je meurs de faim, les traîtres

M'accablent de leurs traits de vieille inimitié !

Tandis qu'il se plaignait des hommes du village,

Un autre Moineau de passage,

Qui reprenait haleine à deux pas du plaignant,

Lui dit : — Vous avez donc un chagrin bien poignant?

Sur ce l'infortuné raconta son histoire.

— L'injustice, dit l'autre, ici-bas est notoire :

On se plaît à nous éprouver :

Notre race n'est pas aimée.

Vous parliez des méchants, la terre en est semée;

Il est de nobles cœurs, mais il faut les trouver.

L'an dernier, comme vous, j'habitai la campagne,

Et j'y trouvai tant de perplexités,

Tant de rets, tant de cruautés,

Qu'un beau jour, avec ma compagne,

J'abandonnai le champ de mes adversités.

Et nous allâmes à la ville,

Où je vis heureux et tranquille

Plus qu'un roi sur son trône, autant qu'un ange au Ciel.

D'abord, et c'est l'essentiel,

On respecte ma vie. Autrefois mes ancêtres,

Martyrs du laboureur, moururent de sa main :

D'ailleurs le villageois ne chérit que son gain,

Quand le bourgeois pour moi sur le bord des fenêtres

Dépose le millet, et le sucre, et le pain.

La bourgeoise à son tour me donne la pâture,

Me caresse des yeux et dit à ses enfants :

« Regardez-le prendre sa nourriture ;

Mais d'y toucher je vous défends.

A quelque degré qu'il vous plaise,

Laissez-le manger à son aise.

Le bon Dieu punit les bourreaux

Des oiseaux. »

Croyez-moi, pauvre ami, désertez ce village ;

Venez où, sans peur de mourir,

On peut manger le jour, et la nuit, se blottir.

Ebloui de ce beau langage,

Le champêtre Moineau se décide à partir.

Ensemble, à tire d'aile,

Et des illusions concevant la plus belle,

Ils arrivent dans la Cité

Qui semblait le séjour de la félicité.

D'abord tout se passa d'une façon charmante ;

Le campagnard trouvait toute chose à son goût :

Point d'embûche alarmante :

Le plus touchant accueil partout.

Les mets qu'il adorait, les paroles affables,

Les regards bienveillants, les plaisirs ineffables,

Tout cela lui fut prodigué

De l'humble rang comme du distingué.

Ne servant plus de cible au laboureur sévère,

Traité comme un seigneur, il se sentait plus fort,

Et vivait plus content que les grands de la terre,

Car il ne craignait pas l'inconstance du sort.

Mais qui peut durer en ce monde ?...

Ce bonheur qui flatte, séduit,

A, disent les échos, l'inconstance de l'onde :

Avec elle il arrive, et comme elle, il s'enfuit.

Un soir, non prévenu des dangers de la ville,
Loin d'un lierre hospitalier
Qu'il avait choisi pour asile,
Le Moineau villageois se jucha fort tranquille
Sous le toit d'un oiselier.
Ce dernier l'aperçoit, le prend et l'emprisonne,
Et, dès le lendemain,
Pour dix centimes, on le donne
Au plus cruel petit gamin.
Celui-ci lui coupe les ailes :
Ainsi rogné, le pauvret se débat,
Se traîne sur le sol, meurtrit ses membres frêles,
Et meurt étranglé par un chat.

Nul ne peut fuir sa destinée ;
C'est une compagne obstinée
A nous suivre partout.
On sauve du vautour sa vie infortunée
Pour se jeter souvent dans la gueule du loup.

LA CONVERSATION DES FLEURS

J'écoutais, dans l'oubli des terrestres douleurs,
    Une causerie entre fleurs.
    La Rose, en brillante toilette,
    Et l'Eglantine, autre rose des bois,
L'Immortelle aux traits fins et charmants à la fois,
    La gracieuse Violette,
    Le mélancolique Souci,
L'Œillet, la Primevère aux modestes pétales,
    Le Lys, attribut des Vestales,
    Et l'Olivier parlaient ainsi :

    Fière de ses grâces parfaites,
La Rose dit : — Mes Fleurs, on vous met à mon rang :
Au niveau de la reine on place les sujettes ;

Mais, pour figurer où vous êtes,
Qu'avez-vous donc de si myrobolant ?

— Rose, il est vrai que vous avez des charmes,
Dit l'Immortelle avec douceur,
Et sur qui vous regarde un pouvoir de vainqueur ;
Mais la beauté n'a pas seule des armes
Pour conquérir le cœur.
Moi, je suis le présent, la fleur inaltérable,
Qu'on envoie à l'objet d'une amitié durable.

— Je suis l'emblème du travail,
Moi, dit la suave Eglantine,
Et je laisse aux buissons, pour la troupe enfantine,
En mourant, mes fruits de corail.

— Moi, dit la Violette, en tous lieux appelée
Le symbole de la pudeur,
De l'effluve de mon cœur
J'embaume l'air de la vallée.

— Moi, dit la Primevère, en dépit des autans,

Du castel et de la chaumière
Je console les habitants,
Car des Fleurs je suis la première
A leur annoncer le printemps.

L'Œillet dit à son tour : — Au champ de l'harmonie,
Je suis un hommage flatteur ;
De la pourpre j'ai la couleur ;
Et mon parfum, qui donc le nie ?

— Et moi, dit le Souci d'un air timide et doux,
Moi, l'enfant des regrets, de larmes on m'arrose ;
Mais puisqu'on me veut près de vous,
Comme vous, je vaux quelque chose.

Le Lys alors, en sa vive blancheur,
Dit : — Exaltez votre opulence,
Ou votre modestie ou bien votre fraîcheur ;
J'emporte la balance,
Moi qui sers à parer les autels du Seigneur.

— Chut ! fit à quelques pas l'Olivier pacifique,

Témoin de leur fragilité,

Rien n'est plus beau, plus magnifique,

Que le cœur sans frivolité.

Eclat splendide et robe de duchesse,

Aux yeux de Dieu, ne font rien à la fleur,

Car de l'habit ce n'est pas la richesse

Qui fait notre valeur.

Telle, parmi l'espèce humaine,

Qui fut autrefois une reine,

Là-Haut, n'a pu gagner peut-être un dernier rang.

Qu'importe au Créateur le costume ou le sang?...

Les Cieux ne sont ouverts qu'à la vertu sereine.

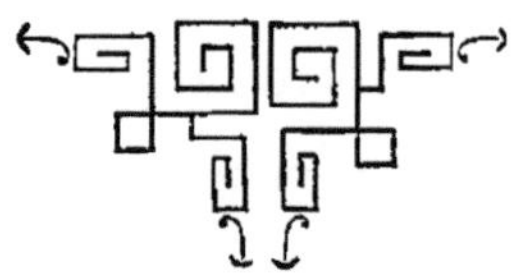

LE SINGE ET LE CHIEN

Un homme avait trois animaux :
Un Singe de race indienne,
Un Rossignol, un Griffon des plus beaux.
Et, comme il les aimait, il voyait avec peine
Que dans leurs cœurs ils souffraient tous,
Car l'un et les autres, sans trêve,
Etaient également jaloux.
Un matin, au réveil, inquiété d'un rêve
Où l'on avait tué le Rossignol charmant,
Le maître court droit à la cage...
O désespoir !... le chantre intéressant
Est couché sur le dos et baigné dans son sang !
Victime, on le voyait, d'une jalouse rage.

Le Singe prévoyant fit des cris de damné,
Et des grimaces diaboliques ;

Puis, prenant des poses tragiques,
Il criait au Griffon : — Tu l'as assassiné !
Oui, dans le vice, infâme, tu te vautres !

— Où sont les preuves, dit le Chien ?

— Je n'en ai pas ; mais ce crime est le tien.

Singe, si tu n'étais accessible qu'au bien,
Tu serais moins pressé de soupçonner les autres.

ÉPILOGUE

Par ma simple littérature,

Dans mon cœur, je ne prétends pas

Des gens refaire la nature,

Ni tarir les maux d'ici-bas.

Mais, pendant le cours de ma vie,

Chaque jour, sécher quelques pleurs,

Et détruire quelques erreurs,

Est le triomphe que j'envie.

Adoucir les mœurs du méchant

N'est point une chose futile.

Puissé-je dire en expirant :

J'ai vécu pour me rendre utile.

FIN

TABLE DES MATIÈRES

9 782019 248116